知遊ブックス ❶

新作 パズル集

格子を解け！

山本　浩

知遊ブックス ❶

新作パズル集 **格子を解け!**

目 次

4 数のネットワーク

20 四角いネックレス

36 となりが気になる
ナンバーズ

52 長さ指定ループ

68 白の部屋・黒の部屋

84 区画整理パズル

解答

100 数のネットワーク

102 四角いネックレス

104 となりが気になる
ナンバーズ

106 長さ指定ループ

108 白の部屋・黒の部屋

110 区画整理パズル

数のネットワーク

ルール解説

　このパズルは、1、2、3の3個の数字を1グループとして、それらを線でつなげ1本のひものようなネットワークを作るパズルです。例題では、どの数字も2個ずつあるので、2グループのネットワークを作るわけです。

ルールのポイント

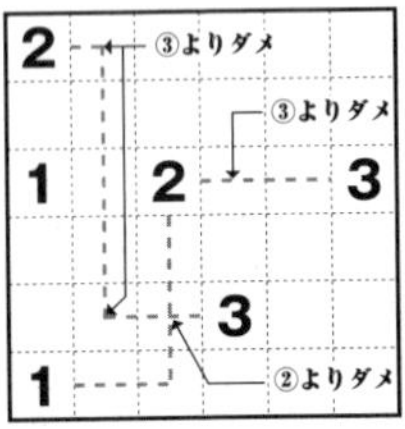

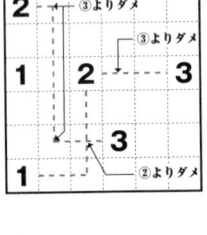

① 線はマス目の中心を通るように、たてか横に引く。
② 線どうしが重なったり交わったりしてはいけない。
③ 2つの数字をむすぶとき、途中で1回だけ曲がらなくてはならない。
④ 数字はどの順序でつなげてもよい。
⑤ 1つの数字から3本以上の線がでてはいけない（Question 5以降の問題を解くとき）。

　2つの数字をむすぶとき、途中で**1回だけ曲がらなくてはいけません**。まっすぐ直線でむすんだり、2回以上曲がったりしてはいけません。
　出発点と終了点はどの数字でもかまいません。つまり1－2－3や2－1－3などの順序でつなげてもよいということです。また、1、2、3で1つのグループを作るので、同じ数字どうしもむすぶことができません。

数のネットワーク

では例題をやってみてください

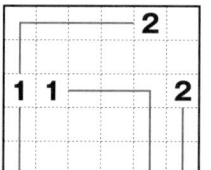

各数字について、つなげられる数字（相手）がいくつあるかを調べるのもよいでしょう。相手が1個しかなければ、その2数をむすぶことが決まってしまいます。つなげられる相手が少ない数字から考えると試行錯誤する回数が少なくてすむと思います。

Question 5〜10では、1、2、3、4の4個の数字を1組として、ネットワークを2組作ってください。ただしこの問題でも、全体が1本のひものようになっていなければなりません。ですから1つの数字から線が3本でていてはいけません。

また、Question11〜14では、1〜5の数字を使います。

難易度 ☆
目標時間

2				
1		2		3
			3	
1				

※Q1～Q12のヒントは次々ページに、Q13、Q14のヒントは
Q1、Q2の問題が載っているページにあります。

Q13のヒント！ 💡

　右下の４がどの数字とつながるかをまず考えます。あと
は、地道に試行錯誤を繰り返すしかありません。

6

数のネットワーク

 難易度 ☆
目標時間

	3			1	2
			1		
			2		
3					

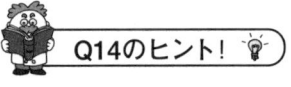 **Q14のヒント！** 💡

右の1とつながりうるのは3つしかありません。その点に注意して、慎重に場合分けして調べていきましょう。

7

難易度 ☆
目標時間

1				1
			2	
	3			
3				2

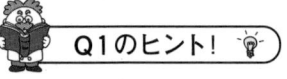

Q1のヒント!

3段目の1に注目しましょう。ちょうど1回曲がるのだから、5段目の3とつながるしかありません。

8

数のネットワーク

難易度 ☆☆
目標時間

	1			
3			**3**	
1			**2**	
				2

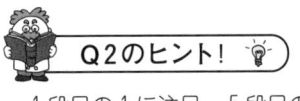

Q2のヒント！ 💡

　1段目の1に注目。5段目の2、6段目の3とつなげますが、もし3とつないでしまうと…？

難易度 ☆☆
目標時間

				1		
				2		
				3		
				4		
		4				
2				**3**		**1**

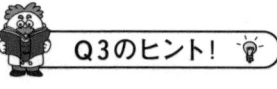

Q3のヒント！

右下の2に注目しましょう。

10

数のネットワーク

6
Question

難易度 ☆☆
目標時間

1					
	1		2		
					3
	3		2		
4					4

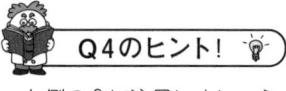

Q4のヒント！ 💡

左側の3に注目しましょう。

11

難易度 ☆☆
目標時間

		3				1
					3	
			2			
4		2				1
		4				

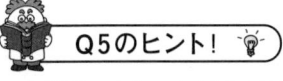

Q5のヒント！

1段目の1とつながるのは、7・8段の2、3、4のいずれかです。1つ1つ試していきましょう。

数のネットワーク

難易度 ☆☆
目標時間

	1				
	4	**1**			
			2		
				2	
					3
					3
						4

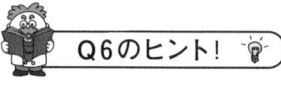

Q6のヒント！ 💡

　右下の４とつなげるのは、４段の２・３だけですね。２
段目の２にも注意しつつ、右下の４を含むネットワークを
決めていきましょう。

⑬

難易度 ☆☆☆

目標時間

1					
				2	
		1			**2**
					3
	4			**3**	
4					

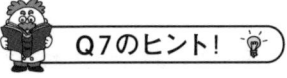

Q7のヒント！

　1段目の3とつながりうる数字は2つあります。どのようになるのか、試行錯誤して決めていきましょう。

数のネットワーク

10
Question

難易度 ☆☆☆
目標時間

			1	
		1		
4		**3**		**4**		**2**
				2
		3		

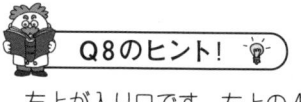

Q8のヒント！ 💡

　左上が入り口です。左上の4は、2、3のいずれかとつながります。いろいろ試してみましょう。

15

難易度 ☆☆☆☆
目標時間

				2	
	4				
	1		2		
		3			5
	3				
1					
		4			5

Q9のヒント！ 💡

3段目の2に注目しましょう。

数のネットワーク

難易度 ☆☆☆
目標時間

2			5		
					5
					4
					4
	1	3			
1					3
			2		

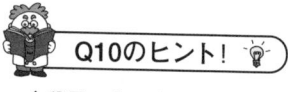

Q10のヒント！

4段目の3に注目しましょう。

17

難易度 ☆☆☆☆
目標時間

Question 13

					3
	1				4
	3				
		2	5		
2					
5					
				1	4

Q11のヒント！

やや難しめ。右下の5がどの数字とつながるのかが第一歩です。

数のネットワーク

難易度 ☆★★★★
目標時間

14
Question

		4			3	
			1	1		
						3
	4		2	2		
5						
	5					

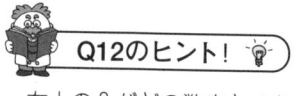

Q12のヒント！ 💡

　左上の2がどの数字とつながるのか考えてみましょう。
これが決まればずいぶんラクになります。

19

四角いネックレス

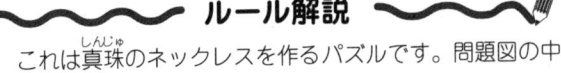
ルール解説

　これは真珠のネックレスを作るパズルです。問題図の中に長方形をいくつか書き入れていきます。真珠の個数はやや少なめですが、パズルなのでがまんしてください。

　問題図には数字と真珠を表す○印が配置されています。数字からマス目の中心を通るように線を引き、長方形を描くようにして元の数字にもどります。そのとき数字が表す個数分だけ○印を通過するようにしてください。

ルールのポイント

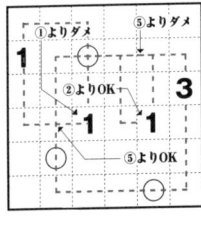

① 1つの長方形には数字が一つだけはめ込まれているようにする。

② 数字・○は長方形の頂点にあってもよい。

③ ○のあるマスで線が交差してもよい。

④ 線が通過しない○があってはいけない。

⑤ 長方形の辺は、交差してもかまわないが、一部分でも重なってはいけない。

⑥ 長方形の頂点どうしが接してもいけない。

四角いネックレス

では例題をやってみてください

 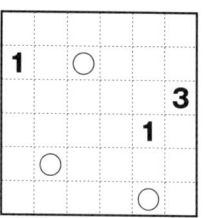

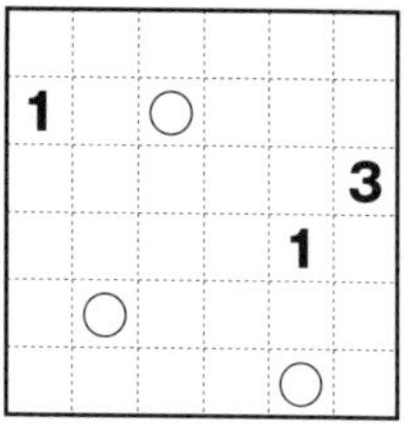

　この問題を解くには、まず各数の和と○印の個数を調べ
ておくとよいでしょう。これら2つが等しいとき、どの○
印にも1本だけ線が通過します。また各数の和が○印の個
数の2倍ならすべての○印で線が交差します。例題では各
数の和が○印の個数より2だけ大きいですから、3個の○
印のうち2個で線が交差するということになります。しか
も周囲のマスにある○印では、線は交差できませんから、
1本だけ線が通過するのはもっとも下の○印だと分かりま
す。

　実際に問題を解く場合は、まず大きい数から始めるとよ
いでしょう。通常どの数の場合も、決められた個数の○印
を通過して長方形を作る方法は何通りかあります。でも大
きい数はその方法が少ないので考えやすくなります。例題
の場合も、3個の○印を通過する長方形は一通りしか作れ
ません。あとは徐々に小さい数について考えていけばよい
でしょう。

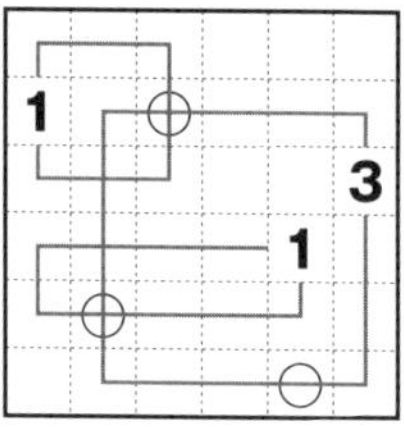

難易度 ☆☆
目標時間

Question 1

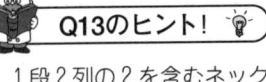

Q13のヒント! 💡

　1段2列の2を含むネックレスは比較的容易に決まります。そうすると、1段6列の2の方もある程度決まります。それほど試行錯誤を必要としない問題です。

四角いネックレス

  難易度 ☆
目標時間

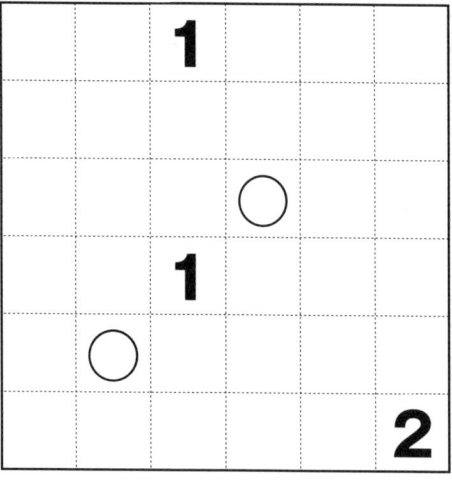

Q14のヒント！ 💡

左下の2のネックレスは比較的容易に決まります。それ以降は、地道に試していきましょう。8段5列の真珠に注目するとやりやすいかもしれません。

23

難易度 ☆
目標時間

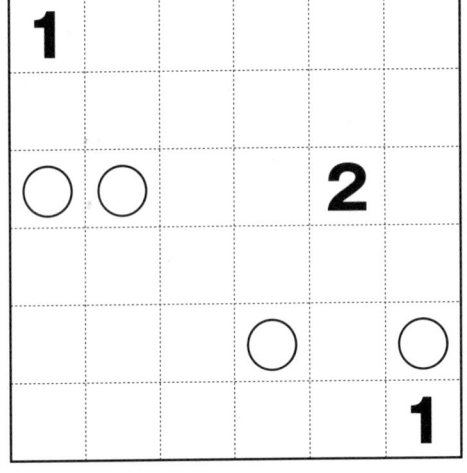

Q1のヒント! 💡

2がどの真珠を通るのかで場合分け(6通り)して地道に
調べていきましょう。

四角いネックレス

難易度 ☆☆
目標時間

	1			
		○		**2**
○				
		2		○

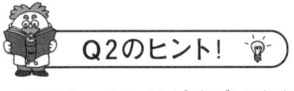

Q2のヒント！ 💡

2のネックレスがすぐに決まりますね。易しい問題です。

難易度 ☆☆

目標時間

			◯	◯
1	**2**	**1**		
			◯	
			◯	

Q3のヒント! 💡

どの真珠がどの数字に含まれるかはすぐに決まります。
あとは試行錯誤しつつ決めていきましょう。

四角いネックレス

Question 6

難易度 ☆☆
目標時間 🕐

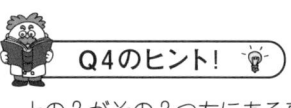

Q4のヒント！ 💡

上の2がその2つ左にある真珠を通ることはすぐにわかります。1が通る真珠もすぐに決まります。

27

難易度 ☆☆☆
目標時間

7
Question

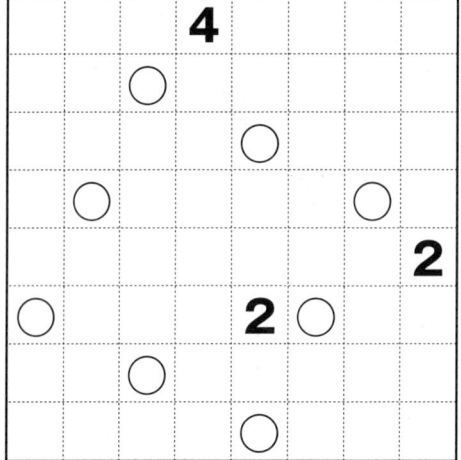

Q5のヒント！ 💡

1番と同じで、地道に調べていくしかありません。

四角いネックレス

難易度 ☆☆☆
目標時間

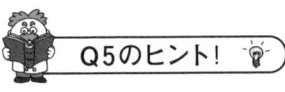

Q5のヒント！

1段目の2がどの2個の真珠を通るかはすぐに決まりますね。

難易度 ☆☆
目標時間

2							
				◯			
							◯
	3						
		◯					
					1		
			◯			◯	
							2

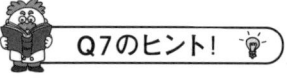

Q7のヒント!

　まず、4のネックレスがある程度決まります。残りは、2つの2のネックレスとの関係から絞っていきます。

四角いネックレス

難易度 ☆☆☆
目標時間

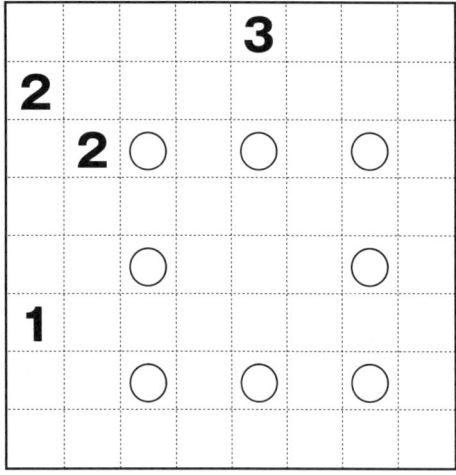

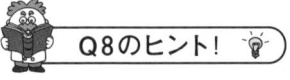

Q8のヒント！

　どの真珠がどの数字に含まれるか、わかるところから少しずつ決めていきます。最終的には試行錯誤するしかありません。

難易度 ☆☆☆
目標時間

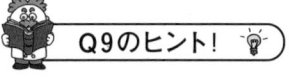

Q9のヒント！

3がどの真珠を含むのか、全部で10通り考えられますが、考えていきましょう。

四角いネックレス

難易度 ☆☆☆☆
目標時間

	2	○				
	2	○				
					○	
	2	○				
○						
						2

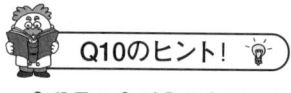

Q10のヒント！

2段目の2が5段3列の真珠を含むことはすぐにわかります。あと1つはどれでしょう？調べていきましょう。

33

Question 13

難易度 ☆☆☆☆
目標時間

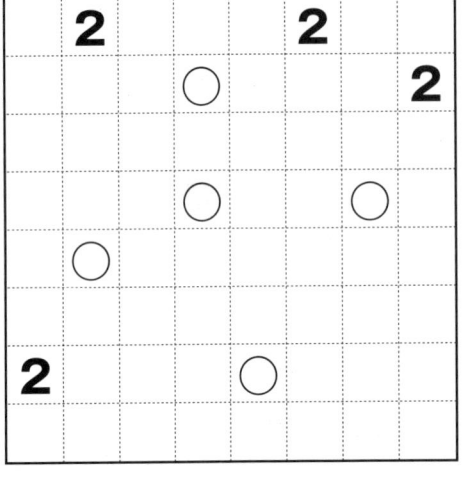

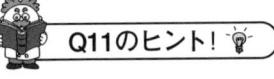

Q11のヒント! 💡

このパズルには珍しく、理詰めで解けます。「このネックレスはここを必ず通る」というのを押さえながら少しずつ決めていきます。

四角いネックレス

14 Question

難易度 ☆☆☆☆☆
目標時間

				○		
○		**2**		**2**		
				○		
	○					○
		2		**2**		
		○				

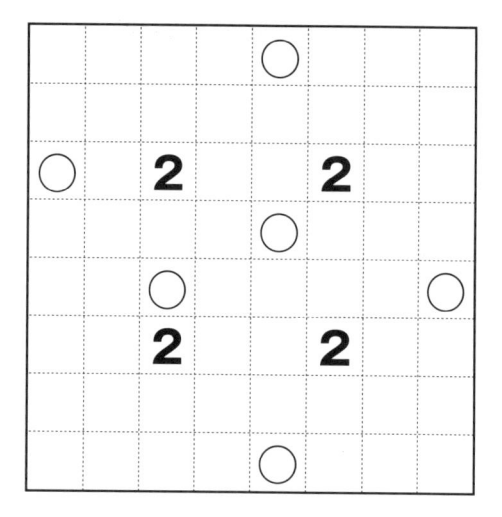

Q12のヒント！ 💡

　それぞれのネックレスがどの真珠を通るのか、可能性が少ないものを基準にして場合分けしていきましょう。どのようにやってもかなりの試行錯誤が必要でしょう。

35

となりが気になるナンバーズ

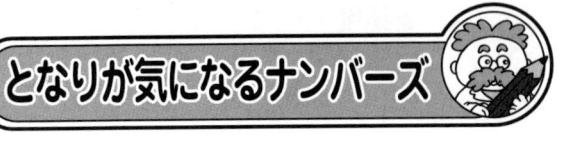

ルール解説

　このパズルは、あいているマス目
に数を入れていくパズルです。各問
には、3×3の正方形が4つあり、
それぞれの3×3の正方形の白いマ
スに1から指定された数までの整数
を1個ずつ記入します。問題の左上
に書かれた［1〜5］とは、1から
5までの整数を使うという意味です。また正方形のマスを
上から下に1段〜6段、左から右に1列〜6列とします。

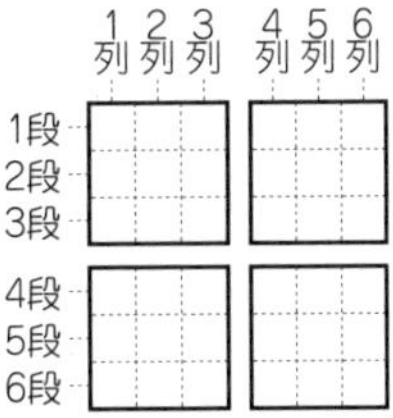

　条件は、左右または上下にとなり合う正方形の同じ段や
列で、数の和が等しくなるようにすることです。たとえば、
右ページの右上にある説明図では、Aの値とB＋Cの値が
等しくなるようにします。また、3列でD＋3の値とF＋
H＋Iの値が等しくなるようにします。他の段や列でも同
じです。

図1

```
   1 2 3   4 5 6
   列列列   列列列
1段 ┌─┬─┬─┐ ┌─┬─┬─┐
2段 ├─┼─┼─┤ ├─┼─┼─┤
3段 └─┴─┴─┘ └─┴─┴─┘
4段 ┌─┬─┬─┐ ┌─┬─┬─┐
5段 ├─┼─┼─┤ ├─┼─┼─┤
6段 └─┴─┴─┘ └─┴─┴─┘
```

ルールのポイント

① 3×3の正方形のマスに、1から指定された数までの整
　数を1個ずつ記入する（例題では、1〜5）。
② 左右、上下にとなり合う3×3の正方形の同じ列や段で
　は、数の和がすべて等しくなくてはいけない。

36

となりが気になるナンバーズ

では例題をやってみてください

[1〜5] 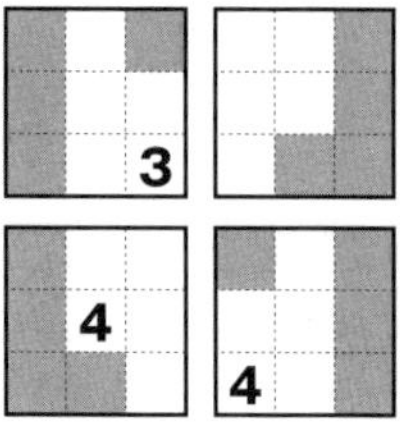　　　　　説明図

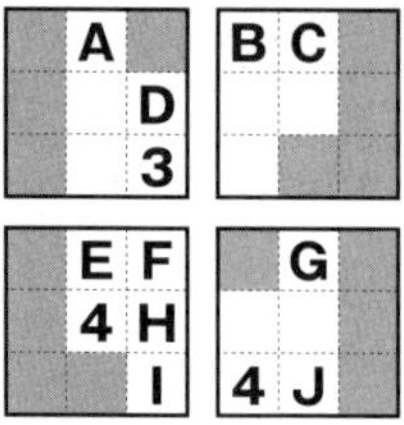

例題

▓		▓
		3

▓	▓	
		▓

A		
▓	D	▓
		3

B	C	
	▓	

▓		▓
4		

	▓	
	4	

E	F	
4	H	
		I

		G
▓		
	4	J

　6段で I ＝ 4 ＋ J ですが、I は 5 以下であり 4 ＋ J は 5 以上です。これより和は 5 となり I ＝ 5 、J ＝ 1 と決まります。このように左右（または上下）の正方形で和の範囲を比べるのが解き方の基本です。次は 3 列に注目します。D ＋ 3 は 8 以下であり F ＋ H ＋ 5 は 8 以上なので、3 列の和は 8 となり D ＝ 5 が決まります。F は 1 か 2 のどちらかです。ここで左下の正方形で使われている数を考えると E ＝ 3 と決まります。また右下の正方形に注目すると、G は 4 ではありませんから 5 とわかります。以上より F ＝ 2 、H ＝ 1 と決まります。

Answer

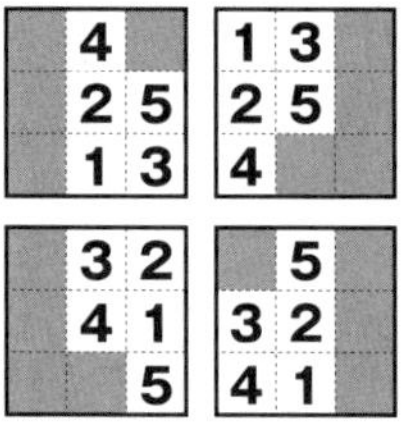

▓	4	▓
2	5	
	1	3

1	3	
2	5	
4	▓	

▓	3	2
4	1	
		5

▓	5	
3	2	
4	1	▓

Question 1

難易度 ☆
目標時間

[1 〜 5]

		4

3		

	1	

	5	

Q13のヒント！

14問の中で最も難しいでしょう。左上の正方形で6以上の数字が入るマス3つを決定し、6段3列に入る数字の範囲を絞り込むと、4段3列が決定します。ここまでいくと少しラクになります。

となりが気になるナンバーズ

難易度 ☆
目標時間

Question 2

[1 ～ 5]

Q14のヒント！

左上の正方形の数がすべて決まったら、右上と左下の正方形で数の候補を絞り込む。それらにもとづいて右下の正方形で全段と全列について和の範囲を調べる。

難易度 ☆☆
目標時間

3
Question

[1 ～ 5]

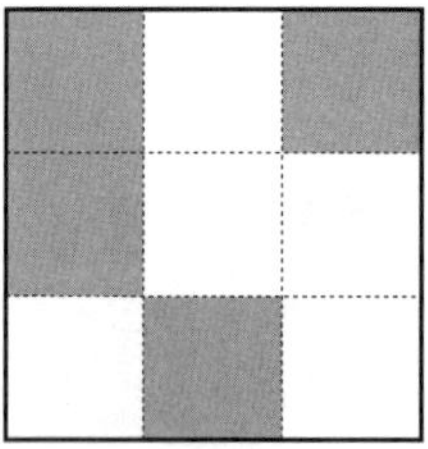

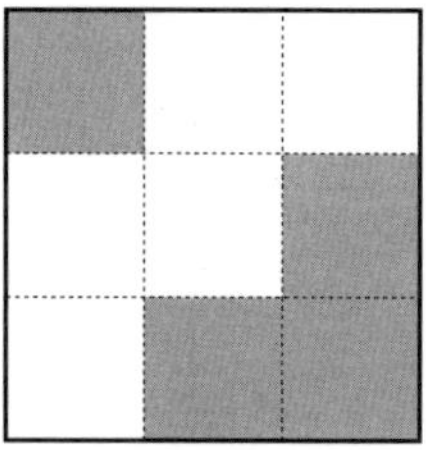

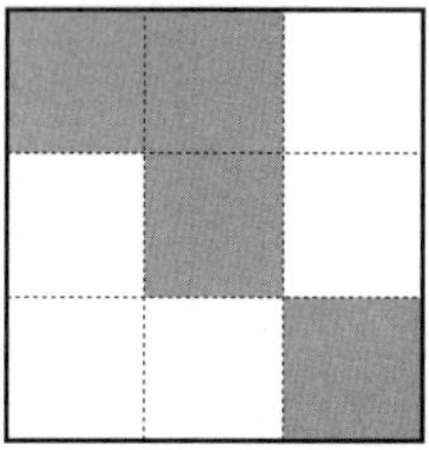

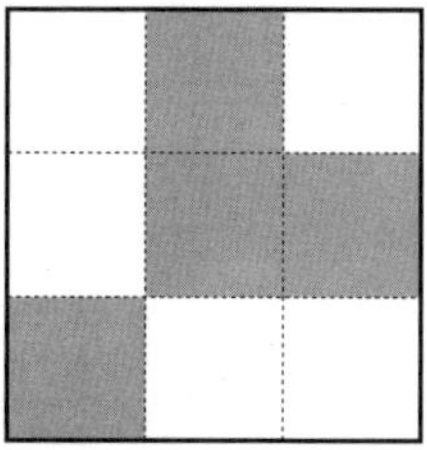

Q1のヒント！

3列の和は5だから上下の数が決定。1段の和は4ではないから5。4列も同様に。

となりが気になるナンバーズ

難易度 ☆☆
目標時間

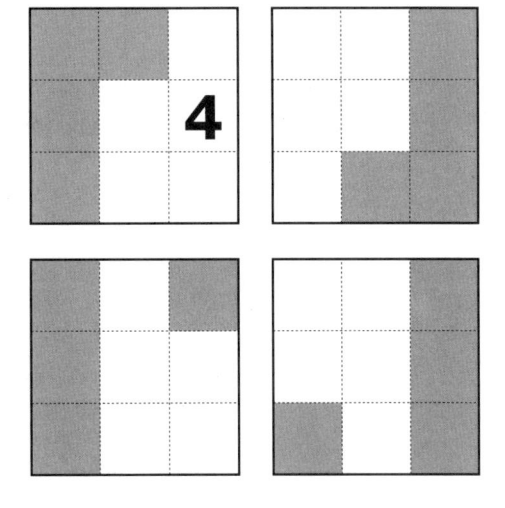

4
Question

[1～5]

Q2のヒント!

4段の左の正方形で和は7以下。右の正方形で和は6以上だが、5のとなりは1ではないから和は7。次は3段。

難易度 ☆☆
目標時間

5
Question

[1〜6]

Q3のヒント!

1段6列は3以上、1段2列は4以上なので、6段2列
は5。1段6列と4段3列の数字は異なることに注意。

42

難易度 ☆☆
目標時間

[1～6]

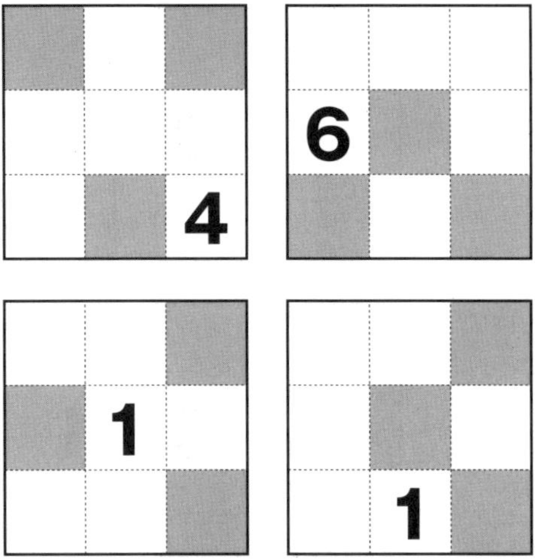

Q4のヒント！

1段の和を考えて4の上は3以上だが、もし5だと3列の和が10以上になりダメ。よって4の上は3。次は左上、左下の各正方形で5の位置が決定。右下の正方形でもたて横の関係から5の位置が決定。次は4段4列に注目。

7
Question

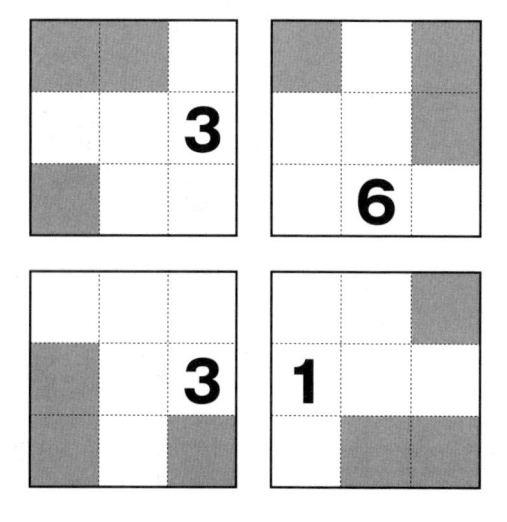

難易度 ☆☆☆☆
目標時間

[1 ～ 6]

3

6

3 **1**

📖 **Q5のヒント！** 💡

5段→1列→2段→6列の順に見ていきましょう。これ
で右下の正方形がすべて埋まります。次は右上の正方形に
注目。

となりが気になるナンバーズ

Question 8

難易度 ☆☆☆
目標時間

[1 ～ 6]

		6

	6	

	3	

1		

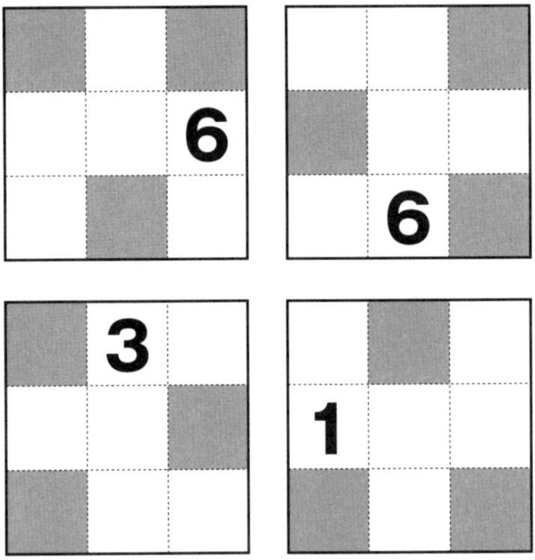

Q6のヒント！

　3段、3列を決めたあとは、2段に注目しましょう。左上の正方形がすべて埋まります。

45

難易度 ☆☆☆☆
目標時間

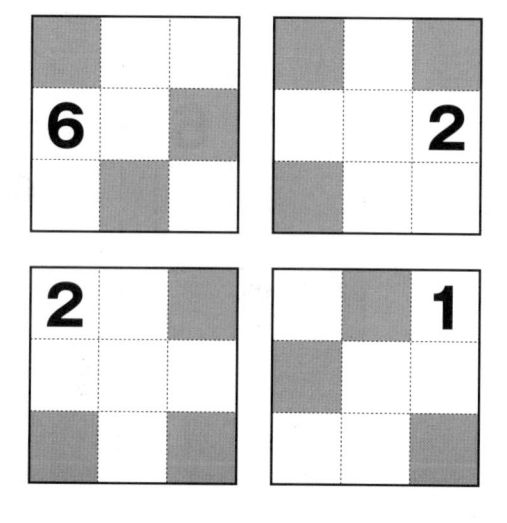

9
Question

[1～6]

6		

		2

2		

		1

Q7のヒント！

3段と5列を同時に考えるとどちらも和は11。左上の正
方形で3段は5か6だから3列の和は9以上。左下の正方
形で3列の和は9以下。よって3列の和は9。

となりが気になるナンバーズ

難易度 ☆☆☆
目標時間

Question 10

[1～7]

7		
		1

	1	
		7

		4
	1	

3		
		6

Q8のヒント！

2段の和は9。6列の和が5と決まり、ここから、右上
の正方形の5列、6列がすべて決まります。次に、左下の
正方形の6の位置を考えてみましょう。

47

難易度 ☆☆☆
目標時間

11 Question

[1～7]

		2

	3	
		1

5		
		1

	1	
6		

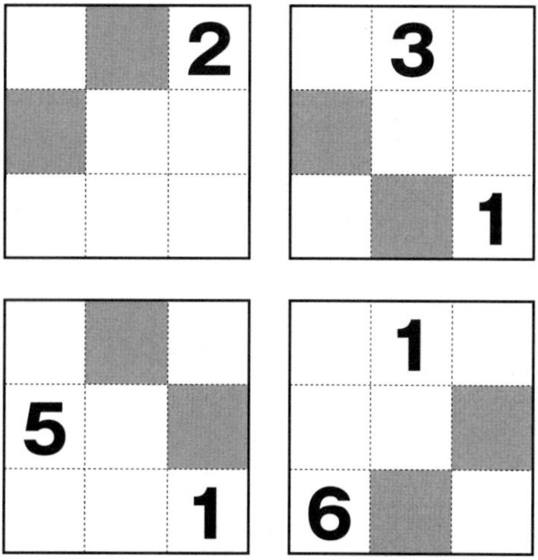

Q9のヒント! 💡

右下の正方形で、5・6が入りえないマスが3つあります。そこから少し考えると、左下の正方形の6段と1列が決まります。

48

となりが気になるナンバーズ

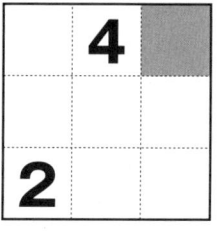

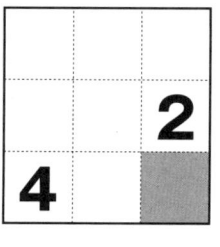

難易度 ☆☆☆
目標時間

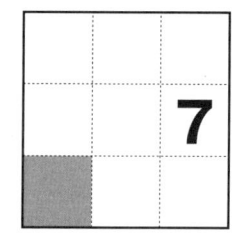

12
Question

[1～8]

```
┌───┬───┬───┐
│   │ 4 │▓▓▓│
├───┼───┼───┤
│   │   │   │
├───┼───┼───┤
│ 2 │   │   │
└───┴───┴───┘
```

```
┌───┬───┬───┐
│   │   │   │
├───┼───┼───┤
│   │   │ 2 │
├───┼───┼───┤
│ 4 │   │▓▓▓│
└───┴───┴───┘
```

```
┌───┬───┬───┐
│▓▓▓│   │ 2 │
├───┼───┼───┤
│   │   │   │
├───┼───┼───┤
│   │ 6 │   │
└───┴───┴───┘
```

```
┌───┬───┬───┐
│   │   │   │
├───┼───┼───┤
│   │   │ 7 │
├───┼───┼───┤
│▓▓▓│   │   │
└───┴───┴───┘
```

Q10のヒント！ 💡

まず1段の和が12、次に4列の和が10だと決まります。
これで右下の正方形がすべてうまります。

49

難易度 ☆☆☆☆☆
目標時間

Question 13

[1～8]

	5	
4		

1		
	2	

	1	
		6

		7
	4	

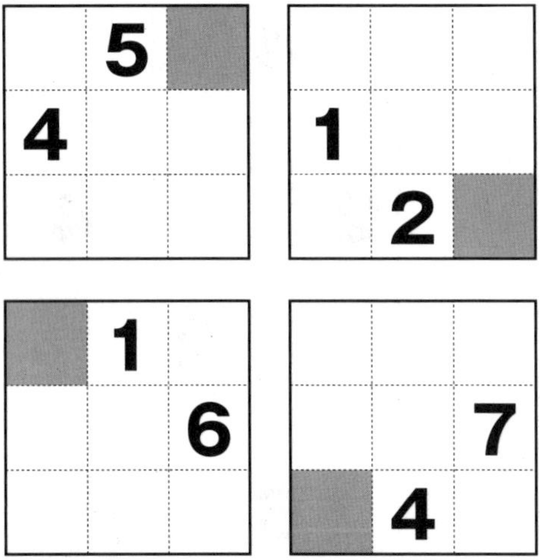

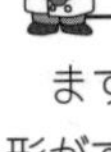

Q11のヒント！ 💡

まず1段に注目。4列・5列に注目すると、右上の正方形がすべて埋まります。

となりが気になるナンバーズ

Question 14

難易度 ☆☆☆☆
目標時間

[1 ～ 9]

		9
	3	
1		

1		
	7	
		9

8		
	1	
		4

	6	
2		
		3

Q12のヒント！ 💡

まずは6列に注目。1列・6列・6段はすぐに埋まります。そのあとは4段に注目。

51

長さ指定ループ

~~~~~ **ルール解説** ~~~~~

このパズルはループ（輪）を作る
パズルです。ループ型パズルはいろ
いろありますが、このパズルは一味
違ったものです。

ルールを説明しましょう。目的は、
マスの中心を通るように線をひき、
全体で1つのループを作るパズルです。

このとき、ループのうちで数字（例えば4）を通る直線
部分（図の太線部）が通過するマスの個数と、数（ここで
は4）が等しくなるようにします。数の入っているマスは、
線がまっすぐ通過していると考えてください。

ルールのポイント

① マスの中心を通るように線をひく。
② 途中で線どうしが交差したり接触してはいけない。
③ ループの角に数字が来ることはない。
④ 数の入っていない直線部分があってもよい。
⑤ 線が通過しないマスがあってもよい。

長さ指定ループ

では例題をやってみてください

例題

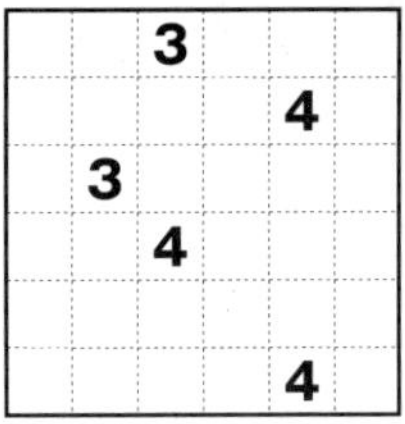

		3		
			4	
3				
	4			
				4

　例題を使って簡単に解き方を説明しておきましょう。数が3のとき、その左右どなりまたは上下どなりのマスで線が曲がります。例題で1段目の3を通る直線は、左右どなりのマスで下に曲がることが決まります。また4以上の数が、問題図の四隅のすぐとなりのマスに入っているときも同様に決まります。6段目の4がこれにあたります。1段目の3からのびる線によって、2段目の4からはたてに線がのびること、また3段目の3からは横に線がのびることが分かります。あとは全体で1つのループを作ることに気をつければ解けるでしょう。

Answer

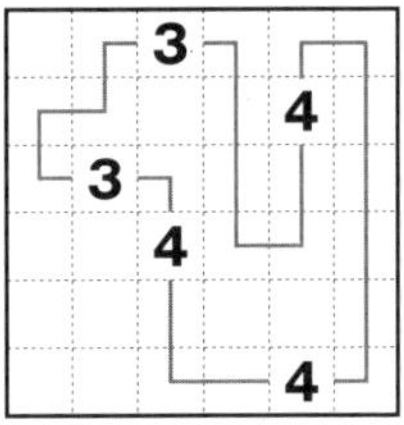

　一口メモ。問題図にはマスを区切る点線がひかれていますが、ある1本の点線に注目すると、ループと交わっている個所は必ず偶数になっています。問題によってはこれが役立ちます。

53

Question 1

難易度 ☆
目標時間

		3			
				3	
	3				
				4	
		3			
	4				

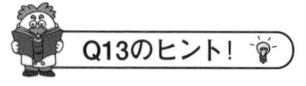

Q13のヒント！

簡単な入り口はないでしょう。特に前半では試行錯誤が
必要な問題ですが、4段6列の4に注目すると比較的うま
く解けるでしょう。後半は、ある領域に含まれる点の個数
は偶数でなければならない、ということに注目。

長さ指定ループ

難易度 ☆☆
目標時間

Question 2

	4				**3**
		3			
			4		
	4				**4**

📖 **Q14のヒント！** 💡

全部理詰めで解ける分、13番よりやりやすいかもしれません。行きづまったら、4段目の4に注目するとよいでしょう。後半では、13番と同じような考え方を使います。

難易度 ☆☆
目標時間

Question 3

			4	
3				
			4	
				3
	3			
			5	

Q1のヒント！

例題と同じ考え方だけで解けます。「どちらに曲がるかは
わからないがどちらかには曲がる」ことがわかっていると
ころには印をつけながら解くと混乱しないと思います。

長さ指定ループ

難易度 ☆☆
目標時間

Question 4

			4	
3			**4**	
		4		**5**
		4		

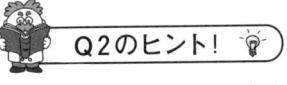

Q2のヒント!

1番ほど易しくはありません。2段目の4からたてに線がのびるとしましょう。すると、どんどん線が引けるのですが…?

難易度 ☆

目標時間

5
Question

		4				**3**	
			4				
	4						**5**
			4				
	3				**4**		
4				**4**		**4**	

Q3のヒント！ 💡

上の2つの数字はすぐに決まります。そのあとは、残り
4つのどれか1つに注目して、「こっちに線を引くとどうな
るか？」と試していきましょう。

58

長さ指定ループ

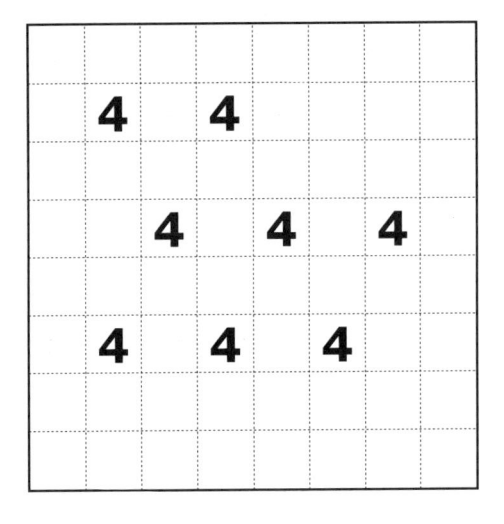

難易度 ☆☆
目標時間

6
Question

4		**4**			
	4		**4**		**4**
4		**4**		**4**	

Q4のヒント！

4段目の4からたてにのびるとしましょう。すると、2
段3列のマスからは右か左かどちらかに線がのびますが…。

Question 7

難易度 ☆☆☆
目標時間

	3		3		3		3
		3					
	3		3		3		
						3	
	3		3		3		
	3						3

Q5のヒント！

少しサイズが大きくなりましたが、難しさは1番と同じくらいです。気楽にどうぞ。

長さ指定ループ

難易度 ☆☆☆
目標時間

8
Question

					3
		4			
			4		4
	3				
			3		3
4					
	5			5	

Q6のヒント! 💡

横にのばすかたてにのばすかが決まれば、そのマスから
のびる線は2通りに決まりますが、「もしこっちにのばすと、
もう1つのびないといけなくて、そうすると5以上になっ
てしまい、ダメ」という場面が出てきます。

61

難易度 ☆☆☆☆☆
目標時間

9
Question

							3
		4					
	5						5
					5		
			3				
						5	
3		3					4

Q7のヒント！

これも理詰めで解けますが、5番・6番よりは難しい。5段3列のマスからどちらにのびるかを決める部分は頭を使うと思います。

62

長さ指定ループ

難易度 ☆☆☆☆
目標時間

10 Question

			4				
		3				4	
	4				3		
4			4				
				3			5
	4					4	
3					4		
				5			

Q8のヒント！

難しさは7番と同じくらいでしょう。4段目の3・6段目の4を決める部分が一番難しいでしょうか。

難易度 ☆☆☆
目標時間

Question 11

			4					
	3					5		4
		5		4				
3			3				4	
		5			3			
				4				
	4					4		
			3				3	
	3							

Q9のヒント！ 💡

　これはあっさりとはいかないでしょう。3段目の右の5
に注目すると少しはうまく解けると思います。

64

長さ指定ループ

難易度 ☆★☆☆
目標時間

Question **12**

4   **4**
  4   **4**
   4   **4**
  4   **4**
4   **4**
  4   **4**
  4   **4**
   4   **4**
  4   **4**
   4

Q10のヒント！ 💡

3段目の4の決まり方が面白い。難しいのですが、2段目の4さえ決まってしまえばあとはすんなり解けます。

難易度 ☆☆☆☆☆
目標時間

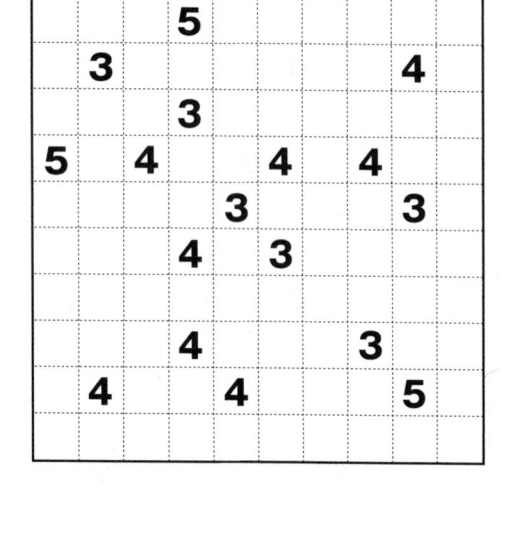

Question 13

			5				
	3						4
			3				
5		4		4		4	
			3				3
		4		3			
		4				3	
4			4			5	

Q11のヒント！

　サイズは大きくなりましたが、ここまで全部解いてきたのなら大丈夫でしょう。３段目の５を決める部分が一番難しいかな。

長さ指定ループ

難易度 ☆☆☆☆☆
目標時間

14
Question

	5						4
4		3					
	3				3		3
		4					
				3		4		4
	3						
				5		3		
		4					4
4				3		3	

Q12のヒント！

4がきれいに配置されていますね。右上が入り口になります。ループが2つ以上にならないように気をつけて解きましょう。

67

白の部屋・黒の部屋

ルール解説

　このパズルは、正方形全体を黒の
ブロックと白のブロックに分けるパ
ズルです。ブロックとは、同じ色の
マスがたて横につながったもののこ
とです。

　問題図には、黒地に白抜きの数字
と普通の数字が書かれています。白
抜きの数字は、その数が含まれる黒
のブロックがいくつのマスで作られ

説明図

5個のマスからなる黒のブロック

ているかを、普通の数字は、その数字が含まれる白のブロ
ックがいくつのマスから作られているかを表してます。

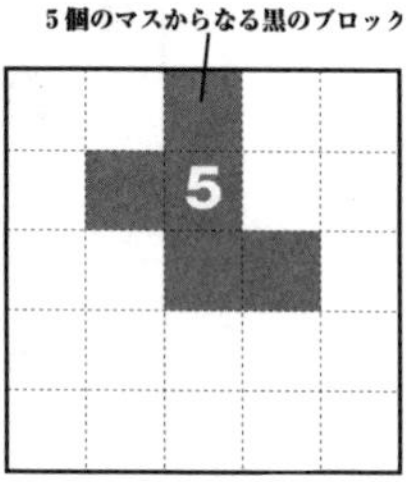

ルールのポイント

① どのブロックにも、数字が1個ず
つ入っていなければならない。
② 同じ色のブロックどうしがたて横
に接してはいけない。

②よりダメ

6　4

○ ○

3

68

白の部屋・黒の部屋

では例題をやってみてください

例題

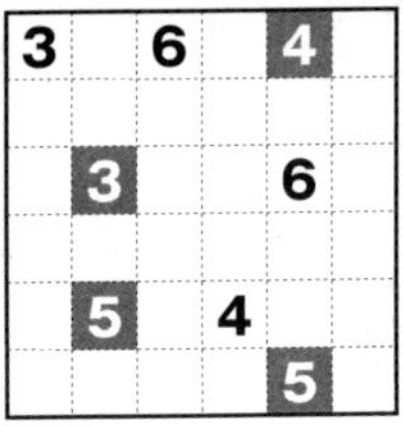

```
3   6   4
    3       6
    5   4
            5
```

途中図

```
3 A 6   4
    3       6
C B
D 5     4
E           5
```

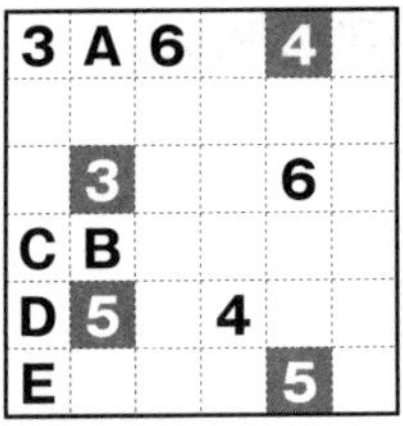

まず、Aを黒で塗ることができます。白で塗ると左の③のブロックと右の⑥のブロックがくっついてしまうからです。同様にBを白で塗ります。白で塗るかわりに○をつけておきます。Aの黒いマスは③とつながります。すると③のブロックの形が決まるので、このブロック

途中図

```
3   6   4
○   ○
○ 3 ○       6
C ○
D 5     4
E           5
```

とたて横にとなり合うマスはすべて白で塗ります。

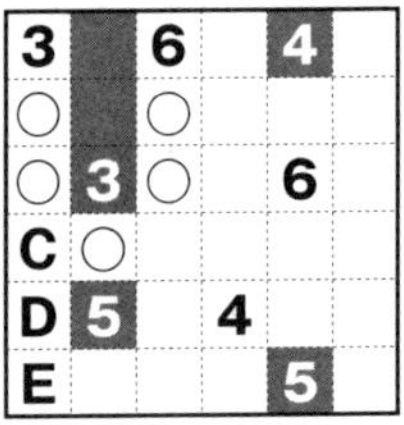

ここまでの様子を示したのが途中図です。さらに③のブロックも決まるのでCを黒で塗り、この黒いマスはDに伸びるしかないので、Dも黒で塗ります。またEも黒です。なぜなら白で塗るとその白はどの白ヌキの数字ともつなげることができないからです。

Answer

```
3   6   4
    3       6
    5   4
            5
```

難易度 ☆
目標時間

Question 1

	5				
4					**3**
		4			
	7				**5**
			5		
3					

Q13のヒント！ 💡

これも12番と同じように、かなりの試行錯誤が必要でしょう。「このマスはどの数字につながるのか？」と1つずつ検討していきましょう。

白の部屋・黒の部屋

2
Question

難易度 ☆
目標時間

			4		
	4				
			4		**5**
5					
		5		**6**	
					3

Q14のヒント！

前の２問よりは易しいと思います。３段６列と６段３列の白マスがどの数字につながるのか考えるのが第一歩です。

3
Question

難易度 ☆☆
目標時間

5					
	5			**5**	
		5			
					4
	4			**4**	
			4		

Q1のヒント！

3段の右からのびる白のブロックは、4とつながること
はありません。これに気付けばあとは簡単。

白の部屋・黒の部屋

難易度 ☆☆
目標時間

4
Question

		5		**5**
5		**3**		**6**
	6			**6**

Q2のヒント！ 💡

　1段1列、1段2列、2段1列は黒にはなりません（どの
白抜き数字にもつながらない）。このあとは簡単。

73

難易度 ☆☆
目標時間

5 Question

5					2
			5		
	4				
				6	
		5			
5					4

Q3のヒント！

3段2列の白マスは1段の白5とつながります。3段の黒5の形が決まれば大丈夫。

74

白の部屋・黒の部屋

難易度 ☆☆
目標時間

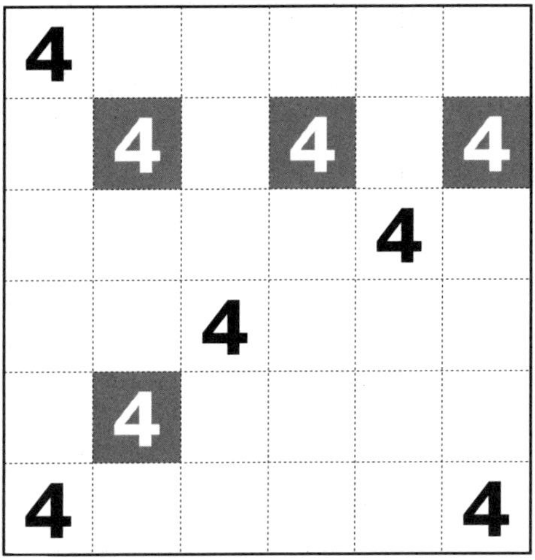

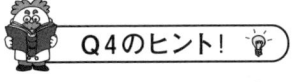

6
Question

4					
	4		**4**		**4**
				4	
		4			
	4				
4					**4**

Q4のヒント! 💡

　2段2列は白になり、5段2列の6とつながります。こ
れで、2段4列が黒になることがわかりました。1段3列
の5のブロックが決定します。

75

難易度 ☆☆☆
目標時間

7
Question

9			**3**		
					6
				3	
	3				**6**
4				**2**	

Q5のヒント！

前問よりは易しいかも。迷ったら、「このマスはどの数字からのびてきているのだろう？」と考えてみましょう。

白の部屋・黒の部屋

難易度 ☆☆☆
目標時間

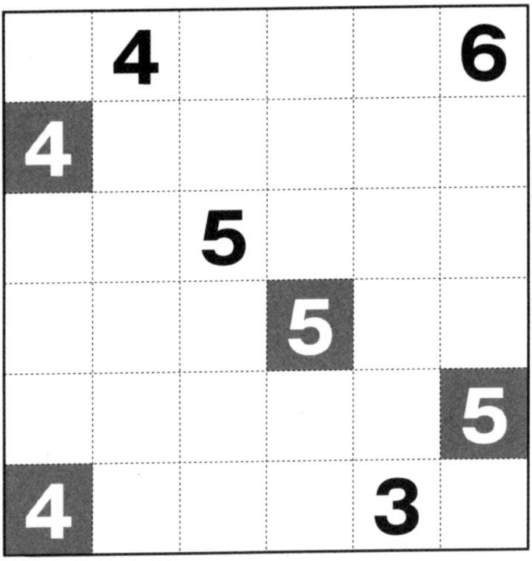

8
Question

	4				6
4					
		5			
			5		
					5
4				3	

Q6のヒント！ 💡

　5段6列が黒だとすると、3段5列と6段6列がつなが
ってしまいます。このような考え方により、右下の4のブ
ロックの形が決定します。

77

9
Question

難易度 ☆☆☆
目標時間

5	5						
					5	5	
4	4						
						8	8
				6	6		
	4	4					

Q7のヒント！

1段3列は黒にはなりません。黒9が確実にのびる範囲を考えると、3段3列、4段3列は黒だとわかりますね。

白の部屋・黒の部屋

難易度 ☆☆☆
目標時間

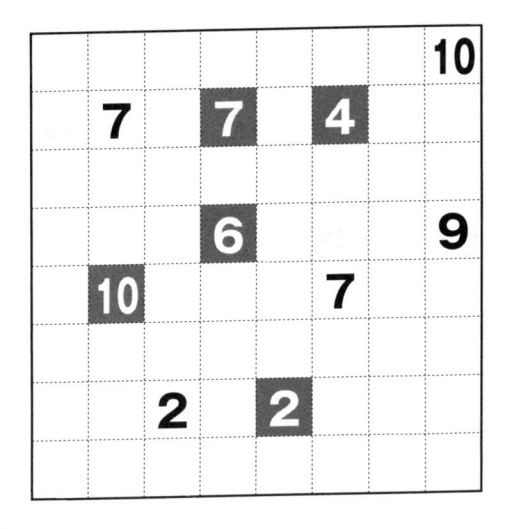

10
Question

					10
	7	**7**	**4**		
		6			**9**
10			**7**		
	2	**2**			

Q8のヒント！ 🔦

4段5列は白になりますが、その白はどの数字とつなが
るでしょうか？右上の6のブロックに注目。

79

Question 11

難易度 ☆☆☆☆
目標時間

							6
	3				4		
						3	
6		4		6			
			3		6		
4							7
	6			6			

Q9のヒント！

サイズは大きくなりましたが、やることは同じです。難しくはないのでノーヒントで大丈夫でしょう。

白の部屋・黒の部屋

難易度 ☆☆☆☆☆
目標時間

12
Question

						3	
							4
				3			
		4					
			3				
5							
	6						
							36

Q10のヒント！

　右下の方に、どの黒の数字にも届かないマスが6個あり、これが白マスだとわかります。8段4列にも注目すると、白9のブロックが完全に決定します。

難易度 ☆☆☆☆☆
目標時間

13 Question

					6		
	5						**4**
				4			
	6					**6**	
			4				
4					**6**		
		4					**6**
				5			

※ 左上マスに **4** があります。

📖 Q11のヒント！ 💡

7段2列・3列は黒マスになりますが、このブロックは、あと1つ、どこにのびていくでしょう？それが決まればあとは難しくありません。

白の部屋・黒の部屋

難易度 ☆☆☆☆☆
目標時間

14
Question

	5	5			**3**	5
	3					**6**
				7		
	7					4
	6	**4**			4	**5**

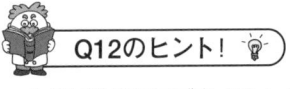

Q12のヒント！ 💡

　大きい数字に戸惑うかもしれませんが、白の部分が分断されないように黒のブロックを配置すればよいのです。どのように解いてもある程度の試行錯誤が必要でしょう。

83

区画整理パズル

~~~~~~ **ルール解説** ~~~~~~

このパズルは、正方形をマス目にそっていくつかのブロックに分けるパズルです。このパズルには図形的な部分と数的な部分があります。両方をうまく利用して解いてください。

説明図

1	1	1	1	1	1
0	0	0	0	0	0
2	2	2	2	2	2
0	0	0	0	0	0
3	3	3	3	3	3
0	0	0	0	0	0

正方形内のどのマスもある値を持っています。上の説明図に書かれた数がそれです。この値は行ごとに決まっていますから、実際の問題では例題のように左側にその行の値を書くことにします。なお、この値は問題によって異なります。

ルールのポイント

① どのブロックにも、数か？が１ずつ入っていなければならない。
② ブロック内のマスの個数が等しくなるようにする。
③ ブロック内の数が、マスが持つ値の和に等しくなるようにする。

次ページ例題では、２、３、４、５、７と？が４個あるので、①、②のルールから、４個のマスを１ブロックとして、全体を９個のブロックに分けることになります。？印は、ブロック内の値が不明であると考えればよいでしょう。

84

区画整理パズル

では例題をやってみてください

まず5に注目します。ブロックの値が5になるためには2と3を1個ずつ含まなければなりません。このことからブロックの形が決まります。同じように7も決まります。この2つは数がヒントでした。今度は左下すみの？印に注目します。値がわからなくても図形的に考えて4マスが1通りに決まります。続けてななめどなりの？印も決まります。あとは数と図形について同時に考えると解けるでしょう。このようにつねに数と図形のことを頭に入れておくことがうまく解くためのコツです。

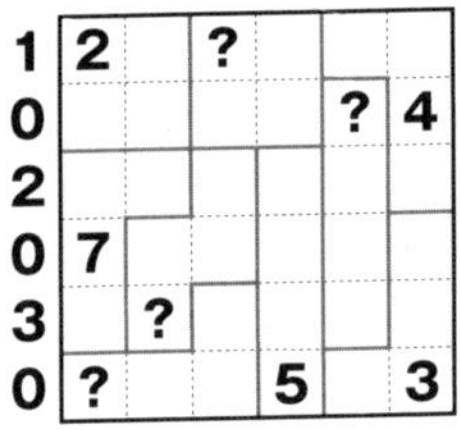

85

難易度 ☆
目標時間

Question 1

```
   ┌───┬───┬───┬───┬───┐
 1 │ ? │   │ ? │   │ 2 │
   ├───┼───┼───┼───┼───┤
 0 │   │ 3 │   │   │   │
   ├───┼───┼───┼───┼───┤
 2 │   │   │   │   │   │
   ├───┼───┼───┼───┼───┤
 0 │   │   │ 5 │ ? │   │
   ├───┼───┼───┼───┼───┤
 3 │ 6 │   │   │   │ 3 │
   ├───┼───┼───┼───┼───┤
 0 │ 3 │   │   │   │   │
   └───┴───┴───┴───┴───┘
```

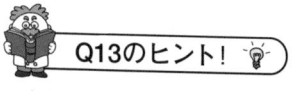

Q13のヒント！

とにかく難しい。地道に調べるしかありません。3、4がパターン数が少ないので、そのあたりから試行錯誤して決めていきましょう。

区画整理パズル

難易度 ☆
目標時間

Question 2

1					
0		**?**		**2**	
2					**2**
0	**?**		**?**	**?**	
3					
0	**?**		**?**		**?**

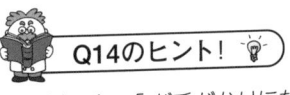

Q14のヒント！

　右側の4、5が手がかりになります。3、8も考慮して、それらを決めていきましょう。それがある程度決まればあとは易しい。

難易度 ☆
目標時間

3
Question

	?					?
0						
0						
1				2		
1	5					3
2			4			
2		7		?		7

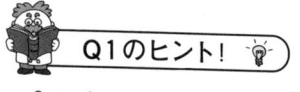

Q1のヒント！ 💡

　6のブロックがすぐに決まり、それによってその下の3のブロックの形も決まります。「ここまではこのブロック」というのが決まるときには、それを盤面に記入しておくとよいでしょう。

88

区画整理パズル

Question 4

難易度 ☆☆
目標時間

?					
	3	**1**		**?**	
				5	
	6				
	6		**?**	**7**	

左端（上から下へ）: 0 0 1 1 2 2

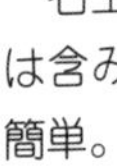

Q2のヒント！

右上の2つの2が入り口です。3段6列の2は1段6列は含みませんが、これはどことつながる？これが決まれば簡単。

89

難易度 ☆☆
目標時間

5
Question

		1		
				?
5		6		?
5		?		
		4		5

Left column labels: 0, 1, 2, 0, 1, 2

Q3のヒント！ 💡

4のブロックはすぐに決まりますね。どの数も、分解の仕方はすぐに決まるので、図形的なところから決めていきましょう。

区画整理パズル

6 Question

難易度 ☆☆
目標時間

		2		?
0
1
2 4 4
0 4 ?
1 ?
2 ? 6

左の数字：0 1 2 0 1 2

Q4のヒント！

右の5、7にまず注目しましょう。それが決まったら、次に3、1に注目。あとはすぐに決まります。

91

難易度 ☆☆
目標時間

7
Question

4		**?**		**?**
		0	**4**	
		5	**?**	
?				**5**

2
1
0
0
1
2

Q5のヒント！

図形的色彩の濃い問題です。6段3列はどのブロックに入るでしょう？それが決まればあとは一本道。

92

区画整理パズル

Question 8

難易度 ☆☆☆
目標時間

		6			?	
2						
1	4					1
0			1			
0						
1	3		?			?
2					7	

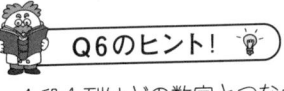

Q6のヒント！

1段1列はどの数字とつながるでしょう？3段2列の4のブロックと2のブロックを決めたあとは、右上の？を決めましょう。

93

難易度 ☆☆☆
目標時間

9
Question

	1	0	1	2	1	0	1
				4			
				8			
3							6
				■			
5							4
				7			
				3			

Q7のヒント! 💡

1段の4、3段の0が決まれば、5段の?、4段の5を
セットで決めることができます。

94

区画整理パズル

難易度 ☆☆☆☆
目標時間

10
Question

1
0
1
0
2
0
2

	5				3
	7				6
	5				4
	4				8

Q8のヒント！

1段の6・?を決めたあとは、1列の4・3に注目しましょう。3段3列の1との関係がポイントになります。

難易度 ☆☆☆☆
目標時間

11
Question

	2		7		
7				3	
6				4	
	6		7		

1
0
2
0
1
0
2

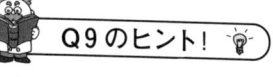

Q9のヒント！

　1つのブロックの大きさが大きくなると、途端に面倒になります。8のブロックはすぐに決定。上のほうの3と4を決めたあとは、3段5列に注目して7のブロックを決めましょう。

区画整理パズル

難易度 ☆☆☆☆
目標時間

12
Question

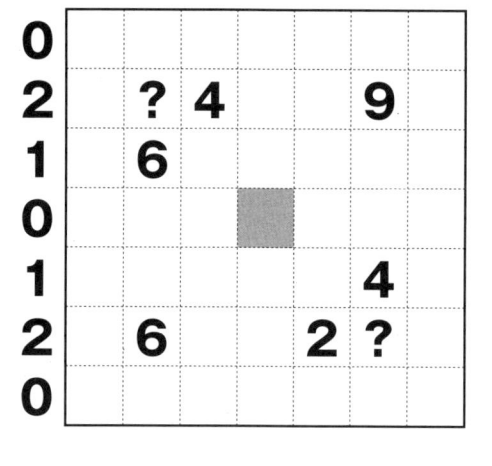

0
2 ? 4   9
1 6
0
1   4
2 6   2 ?
0

Q10のヒント! 💡

7段の4→8→6をまず決めます。一番のポイントは、7、5段の4を決める部分でしょう。

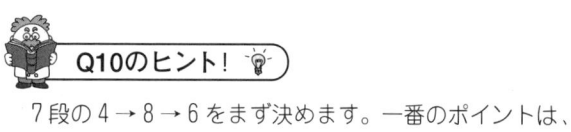

難易度 ☆☆☆☆☆
目標時間

13
Question

0					
1		6		5		4
2					
0		3	▧		6
1					
2		7		7		4
0					

Q11のヒント！ 💡

3のブロックは、1を1個含みますが、それがどれなのかまず決めましょう。4通りありますが、2のブロックとの関係などを考えると1つに絞れます。